青少年心理深呼吸丛书

压力，一边儿去（修订本）

YALI YIBIANER QU

张晓舟 著
蒲诗林 绘

四川大学出版社

责任编辑:王　玮
责任校对:周　洁
封面绘画:大卫·凯力力
封面设计:青于蓝
责任印制:王　炜

图书在版编目(CIP)数据

压力，一边儿去 / 张晓舟著，蒲诗林绘. —修订本. —成都：四川大学出版社，2018.6
（青少年心理深呼吸丛书）
ISBN 978-7-5690-2035-9

Ⅰ.①压… Ⅱ.①张… ②蒲… Ⅲ.①压抑（心理学）—青少年读物 Ⅳ.①B842.6-49

中国版本图书馆 CIP 数据核字（2018）第 147802 号

书名　压力，一边儿去（修订本）

著　者　张晓舟
绘　画　蒲诗林
出　版　四川大学出版社
地　址　成都市一环路南一段 24 号 (610065)
发　行　四川大学出版社
书　号　ISBN 978-7-5690-2035-9
印　刷　郫县犀浦印刷厂
成品尺寸　145 mm×210 mm
印　张　3.625
字　数　99 千字
版　次　2018 年 10 月第 2 版
印　次　2018 年 10 月第 1 次印刷
定　价　19.80 元

◆读者邮购本书,请与本社发行科联系。
电话:(028)85408408/(028)85401670/
(028)85408023　邮政编码:610065
◆本社图书如有印装质量问题,请
寄回出版社调换。
◆网址:http://press.scu.edu.cn

写在前面的话

青少年时期是人生成长的关键时期。青少年面临巨大的学习压力，不仅需要全面学习知识、提升认识、增强能力、丰富经验，而且需要突破自我，在自我否定中发展自我；有时还不得不面对父母、老师规划的路线与自我需求之间的矛盾冲突。心理学家据此把青少年成长期称为挣扎期。这一时期青少年出现较多心理困扰和心理问题是难免的。但这些心理困扰和心理问题多为情境性和一时性的，是其成长过程中知识、经验、能力、精力不足和外部环境压力太大所致，这些心理困扰可以通过辅导和自学有关知识得以解决。学习自我解决心理困扰，也是青少年成长的一个重要方面。

现在越来越多的心理学自助读物和心理辅导读物面世，这对处于挣扎期的广大青少年是一个福音。但是现在青少年学习压力大、时间少，亟须更简略、更生动形象地讲解心理学基本知识的读物。我们希望这套《青少年心理深呼吸丛书》可让大家轻松愉快地了解心理学的实用知识。

从心理学角度看，做深呼吸可以帮助我们遇事冷静下来，从而更客观地评估情境，更好地选择处理问题的方式。从时间上来说，做深呼吸为我们的瞬时反应争取了时间，我们可以更从容地组织自己的资源。我们希望这套漫画丛书让青少年朋友面对问题时做做心理“深呼吸”，从容应对。

在书中我们比较强调通过调动自我内心资源来解决心理困惑和成长中的烦恼，希望大家多问问自己“我到底要什么”来审视自己内心的真正需要，强调通过改变价值追求、思维模式、生活态度，尝试新的应对模式来消除自己的心理困惑。

我们希望青少年朋友用书中介绍的方法来改变自己的心态，学会在更广阔的背景中，更长远的发展阶段中来认识自己，看待身边的事情，思考社会和生活，提升自己的心理素质。

《青少年心理深呼吸丛书》面世以来，多次重印，深受广大读者喜爱。我们借这次再版机会，对第一版的内容进行了少量修订；同时，将《解释，改变生活》书名更改为《谬见，一边儿去》，使本丛书在形式上更趋一致。希望再版后的《青少年心理深呼吸丛书》能给读者带来新的启迪和帮助！

本丛书再版封面得到了美国电气工程博士大卫·凯力力（Dr. Davood Khalili）的倾力相助。他曾著有绘本《波波力谈生活与科学》（*A Bird Named Boboli: Life and Science*），他的作品想象奇特，充满趣味。在此，我们向凯力力博士表示衷心的感谢！

张晓舟

2018年6月

目录

压力的个性化特点

由于每个人具有的素质和经验不同，对同样的外部压力感受是不一样的。我们有能力解决和应对这些外部要求时，就感受不到压力；在一定时空范围内我们满足这些外部要求有困难时，就会把这些外部要求感受为压力。

压力描述的是人们在面对工作、学习、人际关系、个人责任等要求时，所感受到的心理上的紧张状态。

压力是客观要求在个人主体上的反应

加拿大著名心理学家汉斯·塞利认为，压力本质上是一种应激，是机体在对生存环境中多种不利因素进行适应的过程中，由于适应和应对能力之间的不平衡，导致的身心的紧张状态及其反应。

呵呵，说到底是适应的能力啊！

压力的普遍化特点

在社会中生活，凡是有一定目标追求的人，迟早都会遇到为实现目标而产生的对自我能力和实现条件的挑战。所以，人人都有压力。

有许多困难是人生过程中难以避免的，例如：

学习障碍、经济困难、感情纠葛、慢性疼痛、亲人离世……

这些都会给我们造成不同程度的压力。

只要你在社会中生活，就有竞争，就无法逃避压力。但是有压力我们就有承受力。

与压力对应的是承受力

在我们从小到大适应、对抗、消除压力的活动中，我们锻炼了自己的承受力。

承受力包括我们解决问题的能力和经验，包含我们的心理素质，也包含我们应对和处理问题的态度和方式。

压力下的行为反应可分为：

直接反应

——明确针对压力而做出的反应和操作行为，直接反应一般较迅速，也较简单，那就是把问题解决掉。

间接反应

——对压力刺激的反应和操作行为采取延缓、转移或降低目标的方式。压力通常转化为其他形式的刺激。

压力大小常与我们必须完成的任务多少、目标难度、要求高低有关。

外在目标或要求较高压力就大，外在目标或要求较低压力就小。

我平时都能考 90 分左右，再努力点就能考 95 分以上。

↓

鸭梨有点大

我成绩一向只有 80 来分，考 95 分以上完全是天方夜谭。

↓

基本无鸭梨

直接反应是对引起紧张的压力源做出针对性措施的反应。

间接反应是借助某些过渡性措施暂时减轻压力体验的反应。

请闭上眼睛，深吸一口气，想想你是否感到生活节奏太快，身心疲惫？

把你感受到的压力罗列出来。

2 压力的类型

压力未必都是不愉快的，它也分为不同类型。对不同类型的压力，我们要采取不同的态度来对待。

良性压力和负性压力的划分不完全取决于外部压力的性质，而通常取决于我们内心的解释和感受。

愉快的事情和自我选择的喜爱的事情带来的压力。

自己不喜欢又无法逃避的事情带来的压力。

良性压力是我们成长的催化剂

"宝剑锋从磨砺出，
梅花香自苦寒来。"
^_^

良性压力往往使我们带有期待的兴奋和激动。

良性压力可以增强我们的承受力。

良性压力可以转化成我们行动的推动力。

负性压力则妨碍我们成长

负性压力则是我们所不喜欢又无法逃避的压力。

　　我们内心常将其解读为无奈和痛苦，在行动上则常常选择拖延和逃避。

负性压力使我们焦虑、紧张、不安，无法积极应对挑战。

考试

负性压力也可能使我们沮丧或烦躁，并躲避和反感造成压力的相关人员，导致人际关系的紧张。

本想绕道而行，结果还是很不幸地被眼尖的班主任逮个正着，泪奔……

负性压力还可能导致我们记忆力下降，无法集中注意力。

负性压力还可能让我们不知所措，无所事事。

良性压力和负性压力可以相互转化

古希腊哲学家伊壁鸠鲁说："人类不是被问题本身所困扰，而是被他们对问题的看法所困扰。"

嗨，还可以通过能力训练、丰富经验、增强信心来把部分负性压力转化成良性压力！

良性压力和负性压力的转化还与我们的承受力有关。在我们能承受的限度内，可减轻对负性压力的感受。

只要压力强度不大，我们就能够控制或忍受，一旦压力太大或者太多，我们就受不了啦！

培养兴趣

大会发言可以看成是给自我的一个展示平台。让担心、焦虑、紧张一边儿去。

重新解读

把做家务看成是锻炼身体。^_^

提高能力

我以前最怕当众讲话呢！自从参加演讲训练后，我最喜欢大会发言了。

当然，也有小小的压力，不过，我不害怕，因为这是锻炼自我的演习啊！

能力训练

通过锻炼，现在做“引体向上”我是班上第三名。我再也不怕上体育课了！

急性压力和慢性压力

急性压力

性质强烈，
但持续时间短，
来得快去得也快。

急性压力往往是情景性的，当情景变化后，压力也就很快消失了。

慢性压力可能不强烈，但是却会持续很长一段时间。

慢性压力对人的心理和生理损害较大。因为你身心的压力反应要不断地被唤起。

这些压力都可能是慢性压力。

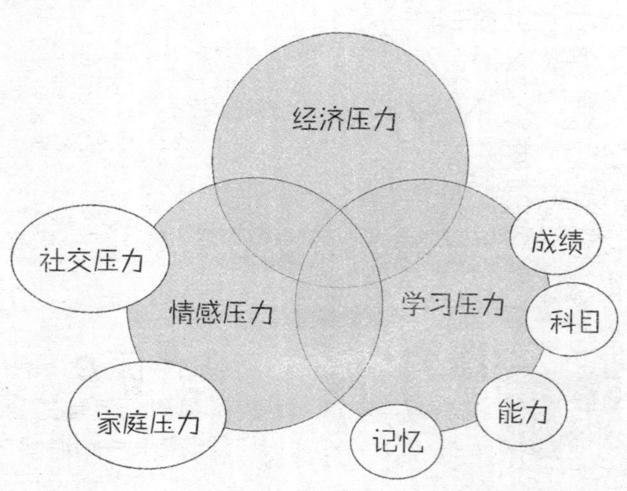

学习压力 成绩，能力，记忆……

情感压力

家庭压力

同辈人的压力可以是正向的，如刻苦学习、积极面对生活；也可能是负向的，如沉迷网络游戏、吸烟、逃课。

经济压力

青少年都习惯把自己面前的压力看得很大，我们来看看其他人可能面临的压力

有心理学家通过调查排列出人生十大压力事件，不同的心理学家有不同的排序。其实这十大事件对不同的人压力是不同的。

收入水平下降

结婚
来玩过家家，我当妈妈，你当爸爸啦！
不要啦……当孩子他爸压力好大……

生病
花了那么多钱还是老样子，也不知道什么时候才能治好。

近亲离世

小咪，我一直把你当我的小姐妹，你醒醒啊！不要离开我！
其实不想走，其实我想留……

退 休

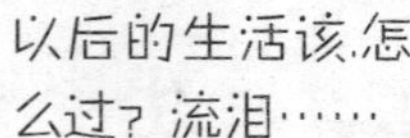
以后的生活该怎么过？流泪……

你由于超龄光荣退出本漫画，这是你的退休金。
什么？
退休金
作者
28

呵呵，看看这十大压力，
你就知道你的压力不算什么了！

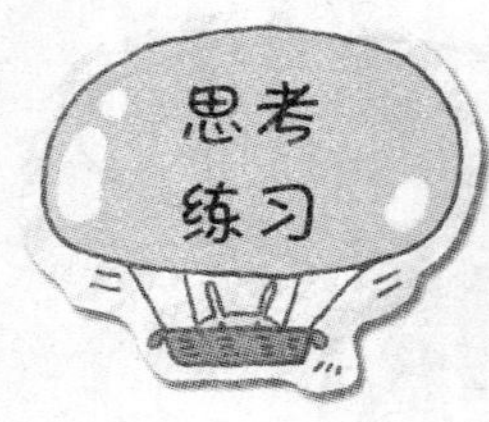

你现在是怎样看待你所面临的压力的？请把你生活中的负性压力和慢性压力列出来。

压力的作用

压力是一把双刃剑。

感受到压力后，人们一般会出现一系列生理和心理反应。对压力的反应其实是我们身心被唤起的一种准备，是身心准备迎接挑战、应对困难的调整。

适当的压力有益于我们成长，压力使我们处于一种兴奋的应激状态，促使我们想消除压力，解决问题，去应对挑战，从而激励我们去创造、去改变。

适当的压力可以帮助我们消除怠惰和懦弱,迫使我们奋斗!

个人必须经受一定程度的压力，才能保持活力。地无压力不冒油，人无压力轻飘飘。人的身体也需要一定程度的生理唤醒以保证许多器官功能处于最佳状态。

每一次我们应对压力的挑战，解决了相关问题，我们的能力就会得到提高，经验会更加丰富，这就是我们的成长。

在我们成长的过程中，旧的压力解决了，新的压力又会出现。可以说，压力是伴随人们成长过程始终的一种心理感受，而成长就是不断解决问题，增强能力和丰富经验的过程。

但是压力过大，则容易造成身心伤害，并可能导致身心疾病。

压力反应的途径

效 应	反 应	时 间
人体具有多种支持动力系统以确保躯体生存。下面依照新陈代谢反应的持续时间将其分为三类。		
即刻效应	交感神经系统分泌的 肾上腺素与去甲肾上腺素	2～3秒
中间效应	肾上腺髓质分泌的 肾上腺素与去甲肾上腺素	20～30秒
延迟效应	促肾上腺皮质激素、 后叶加压素与 甲状腺神经内分泌通路	几分钟、 几小时或 几星期

注：Brian. Luke. Seaward. 压力管理策略[M]. 许燕，等译. 北京：中国轻工业出版社，2008.

很多激素的产生都是压力的部分反应。肖恩·托伯特认为，皮质醇是体内的主要压力激素，也是持续时间较长的一种激素。它会刺激大脑的饥饿感和脂肪细胞，让人产生食欲并导致肥胖。

由于人体激素的原因，长期巨大压力可能导致体重增加。

太可怕了！我最不能接受的就是压力会让人长胖！

抗拒阶段：

身体会自动对身体或心理受损的部分进行修复。

衰竭阶段：

应付压力的精力耗尽，身体某个或多个器官衰竭。

压力和身体症状的影响是相互的，压力过大导致身体出现症状，身体症状的出现反过来又影响压力水平。

长期巨大压力还会导致有害的生物化学分泌物在体内长时间积累。

所以，过大、持久的压力也被称为健康杀手。

压力引起的心理反应有警觉、注意力集中、情绪亢奋、思维活跃，这些反应有助于个体应付外部的挑战和要求。

过大压力导致的不良心理副产物是：

容易导致我们情绪激动、观点偏颇、判断失误。

应对处置措施不当或马虎了事。

增加人际适应的困难。

压力过大，常常会导致我们放弃自己应该达到的目标，或降低自己的要求。

在巨大压力下，我们还可能产生拖延行为，处于“账多不愁，虱多不痒”的消极麻木状态。其实拖延本身也是导致压力长期无法消除的一个重要原因。

这些不良的心理副产物将反过来进一步扩大压力。

压力怎么像发豆芽一样？
长长长长长长长，
长长长长长长长。

（你能把这副对联读出来，压力就不长了！）

想想你自己是否有压力过大而出现的躯体和心理症状。比如：身心疲惫，容易激动，或者对压力已经麻木了。如果有，说明你需要调整自己的目标和处理压力的方式，请继续看下一节。

纾解压力的办法

如果压力无法处理，它能毁掉你的一天甚至你的一生。
压力是否会成为你的健康杀手，成为你奋斗的杀手，就要看你如何应对哦！

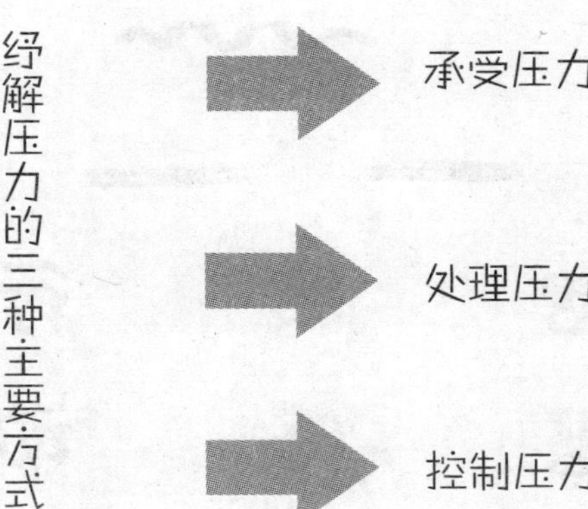
纾解压力的三种主要方式
承受压力
处理压力
控制压力

无论是运用哪种压力纾解方式都需要具备三个基本要素：

智慧——客观判断，正确分析压力的原因和条件，学会调整目标要求和放弃不必要的目标；

策略——寻找解决压力的方法和途径，熟悉应对压力的技巧；

行动——采取行动，按照轻重缓急解决具体问题，避免养成拖延的习惯。

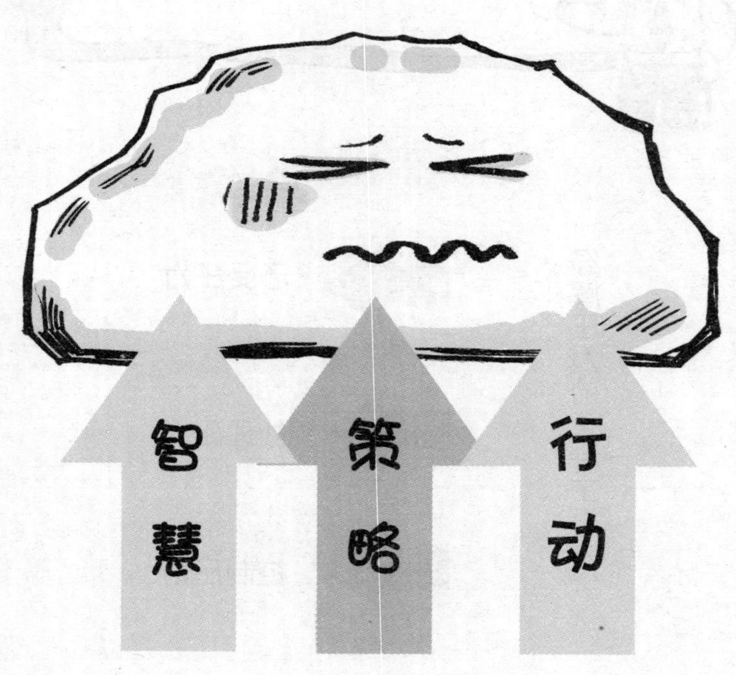

提高承受力的办法 1

正视压力对我们成长的影响

压力是普遍存在的，无处不在，无人不有。在社会中生存就要学会在压力下成长。

解决压力的过程是成长的过程

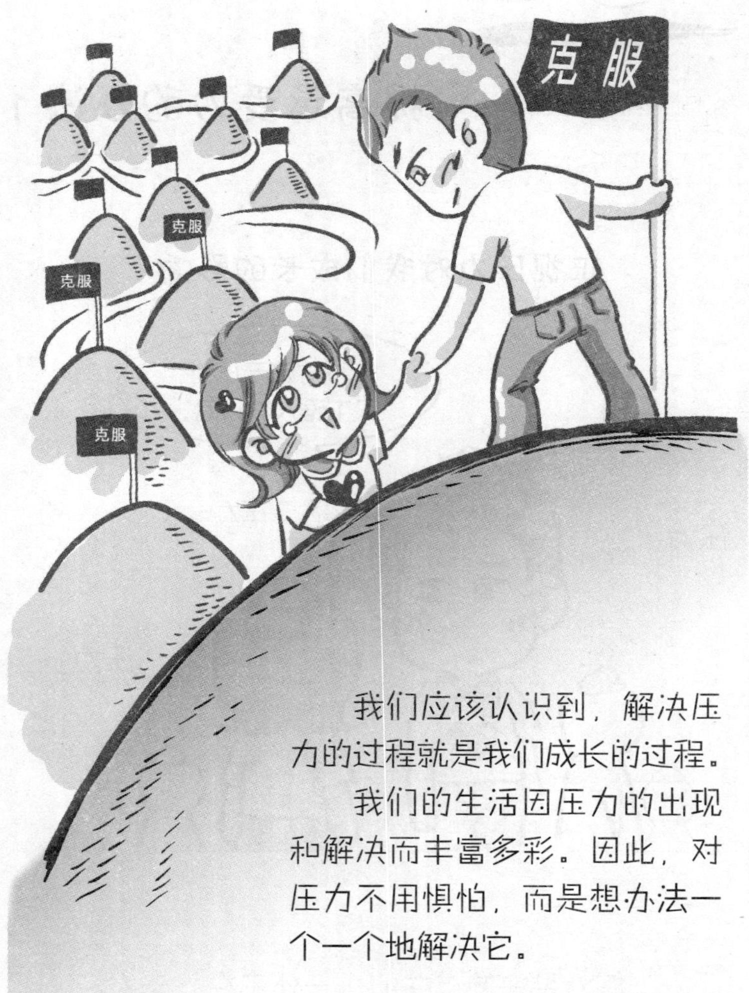

我们应该认识到，解决压力的过程就是我们成长的过程。

我们的生活因压力的出现和解决而丰富多彩。因此，对压力不用惧怕，而是想办法一个一个地解决它。

提高承受力的办法 2

重新梳理和定义你的压力

压力的感受和适应是很个性化的过程，不同的心态影响我们的解释和感受，我们需要判别哪些才是自己真正的压力。

明确自己的压力，明确自己处理压力的方式。

提高承受力的办法 3

事先有心理准备就能承受更多的压力

客观地认识压力、解决压力是持续一生的过程（持久战，有了心理准备就不怕了）。

提高承受力的办法 4

向朋友倾诉

推心置腹地与人交流，不但可以增进信任，消除误会，还可能在倾诉中理清自己的思路，了解症结所在，并倾倒自己的心理垃圾。

提高承受力的办法5

寻求他人的安慰、支持和建议

个人的能量总是有限的，能承受的压力也是有限的，有一个肩膀的帮助你就可以承受更多的压力。大方地寻求亲朋好友的支持吧。

提高承受力的办法6

听音乐

舒缓的音乐可以静心宁神；

激昂的音乐可以振奋人心；

音乐可以起到放松和改变感受的作用，让压力下疲惫的心灵恢复活力。

提高承受力的办法7

阅读

读书可以使你在更广阔的范围内来审视自己的压力和困境，从他人的故事中借鉴经验和吸取力量。

提高承受力的办法8

画漫画或看漫画

“笑一笑十年少。”笑虽然不会改变外部压力本身，但是可以改变你的心态，增强你应对压力的力量。

提高承受力的办法 9

宣泄

大喊大叫，打击东西。日本创造的打击压力对象的办法真是一个好办法！虽然不会改变外部压力，但可以改变内心感受。

提高承受力的办法 10

旅游

三点一线的环境限制了我们的思绪，旅游可以打破沉闷和压抑的环境，让我们到外面去感受海阔天空，心胸更开阔。

提高承受力的办法 11

体育运动

瑜伽、登山，游泳、慢跑等，都可以暂时纾解压力，同时还能强健我们的身体，增强心理承受力。

提高承受力的办法 12

饮食

食物可以在一定程度上影响身体对压力的反应，有水果、碳水化合物、蛋白质等健康均衡的三餐，可以使身体更好地承受压力。

维生素缺乏容易出现沮丧、虚弱、易怒等压力症状，而过多的糖会导致疲劳、头痛，咖啡因会引发交感神经系统的高唤醒状态，这些都可能加剧压力感受。

任尔东南西北风，自有主见在胸中

不管压力来自何方，不管压力有多大，我们都应该按自己的规划去做。

千山鸟飞绝，
万径人踪灭。
孤舟蓑笠翁，
独钓寒江雪。

性情中，有境界，
所有重压能担待。

处理压力的办法 1

直面和解决产生压力的问题

什么事情带来压力，我们就去解决什么问题。

对压力的消极态度，否认、忽略和逃避，是很多人压力越积越多的原因，因此我们首先需要积极地处理与压力相关的问题。

消除压力源是最好、最快的办法。
射箭，直接瞄准那个老妖怪！

调整自己的心理状态，调动自己的应对资源，直接主动地迎接挑战！

处理压力的办法 2

变被动为主动

领着走与拖着走

比如，当学习中的某科成绩困扰我们时，我们就加大该科学习的力度。老师上课是按中等偏上水平同学的能力来施教的。如果我们学习落后，上课听讲困难，作业难以完成，就会有被拖着走的感觉，压力特别大。

最好的办法就是通过预习和复习走到前面去，这样听课不吃力，课堂收获大，自信心也足，压力也就小了。

其实，所有的事情都是这样，你及时处置，或走在前面，压力就相对要小很多。

有时压力不在于客观问题本身，而在于我们和周围的人的比较。比较我们应对问题的能力，比较我们应对问题的办法，甚至只是比较我们谁走在前面啊！

挑战压力其实更重要的一点是挑战自己。

①挑战自己的观念（修正自己的价值观、荣辱观、得失观）。

②挑战自己的能力和智慧(挖掘潜能带来的更大的快乐)。

处理压力的办法 3

进行科学的时间管理

对目标任务进行轻重缓急的排列。

时间管理不善，常常是我们感到压力较大、时间不够用的原因。有效的时间管理并不是新创造出时间，而是让你更合理地利用已有时间。

安排时间处理好最急、最重要的事。

制订解决问题的时间表，坚定不移地执行。

集中时间处理拖延不决的棘手问题。

处理压力的办法 4

提高自己的行动力

坐而论道总是空，起而行之才是道。

提高执行力，是我们把“时间管理”上升到“自我管理”的过程，它意味着我们要战胜自我的怠惰和懒散，克服困难、坚持不懈，想办法完成任务。

空论、焦虑、拖延是处理压力的大敌，养成今日事今日毕的习惯，你就能把信送给“加西亚”。

处理压力的办法 5

请求专家帮助

压力的消除是有前提条件的，有些压力仅靠我们个人的应对是无法消除的，这时你可以请求亲人和朋友帮助，也可向专家咨询办法。

控制压力的办法 1

重定目标不当超人

在竞争环境中，我们不知不觉地总想样样事情都冲在前面。其实我们不是超人，而是受时间、精力和能力限制的凡人，压力太大时，我们需要重新判断和选择自己的目标及行为方式。

摘掉面具，
取下高帽，
做回真正的自我。

勇敢地承认自己的能力有限，坦诚地说不行，比强行支撑更好。

控制压力的办法 2

适当让步

我们不能什么问题都想解决，由于精力和时间、实力和经济的限制，我们只能解决我们最需要解决的问题，或者最主要的问题。比如，你的学习成绩排名，你的哪科学习成绩，你的交友……

退一步，海阔天空。

控制压力的办法 3

放慢节奏

现代社会的生活和学习节奏很快，我们已经习惯了快节奏地处理问题。学校和家长面对社会的快节奏也会给我们不断加码，我们自己也恨不得让自己尽快学会很多技能，解决很多问题。其实，当我们感到自己无法承受压力时，可适当放慢脚步，找到属于自己的节奏。

控制压力的办法 4

检讨自己的生活方式

如果觉得自己长期以来压力都很大，你就需要检讨自己完成任务的速度或质量了，甚至要检讨自己的生活方式是否已经僵化了。

如果我们努力学习处理压力，控制压力，适当的压力将成为我们成长的催化剂。

如果你能勇敢地面对压力，学会承受压力、处理压力、控制压力，压力就是小菜一碟了。

请在下面方框内列出你的全部压力。根据集中精力解决主要压力的原则，制订你的计划，然后行动吧。

压力自测问卷

本问卷测量你对自己的观感，答案没有对错之分。请仔细并准确回答下列问题，并在括号内填入合适的数字。

1= 很少或没有　　2= 偶尔　　3= 有时
4= 经常　　5= 一向如此

1. 我做事喜欢先做计划，并能够按照计划进度督促自己。（　）
2. 我能够及时完成家庭作业。（　）
3. 我喜欢雷厉风行地做事。（　）
4. 如果同学们嘲笑我在课堂上提出的问题，我会感到难为情。（　）
5. 我与父母意见发生分歧时，能够开诚布公地与他们交换意见。（　）
6. 我做事喜欢争第一。（　）
7. 周围的人说我做事拖拖沓沓。（　）
8. 我夜里醒来就会想起一些需要做的事情。（　）
9. 我会为一些没有做完的事情忧心忡忡。（　）
10. 我觉得肌肉紧张，或者有偏头痛。（　）
11. 我能够及时完成自己承担的任务。（　）
12. 我习惯做完事情后才去玩耍。（　）
13. 我发现自己无法集中注意力。（　）
14. 我做完重大事情后喜欢总结得失。（　）
15. 我会选择在最佳的时间里做最重要的事情。（　）
16. 即使有人嘲笑我，我还是敢于坚持做自己想做的事情。（　）
17. 对同学或朋友的要求，我很难拒绝。（　）
18. 我总是感到自己有做不完的事情。（　）
19. 我喜欢与同学交流，因为人与人之间的沟通很重要。（　）
20. 我觉得自己经常被同学误会。（　）
21. 我的桌面上杂乱无章，堆满需要处理的事情。（　）

22. 我感到要维持自己现有的各科成绩很费力。（ ）
23. 我与父母的关系比较紧张。（ ）
24. 我家里没有人生病。（ ）
25. 如果有什么事情让我担心的话，我会告诉父母或朋友。（ ）
26. 我因为担心周围的人不舒服而故意不争取更好的成绩。（ ）
27. 我的财务状况比较好，不担心收支平衡问题。（ ）
28. 我因零花钱紧张而不能购买一些自己喜欢的物品。（ ）
29. 我能够和朋友分享自己的感受。（ ）
30. 我如果对老师不认同，不会表现出来。（ ）

评分方式：

正向计分题：

4，6，7，8，9，10，13，17，18，20，21，22，23，26，28，30。

反向计分题：

1，2，3，5，11，12，14，15，16，19，24，25，27，29。

加总积分后，

10 分以下，压力较小。

11 ~ 25 分，压力在一般水平。

26 ~ 40 分，压力较大。

41 分以上压力可能过大，需要改变自己的某些生活方式。

（根据《同辈人压力量表》《生活事件压力量表》《压力来源量表》《压力自测题》改编。）

参考文献

巴史克，2005. 心理治疗入门[M]. 易之新，译. 成都：四川大学出版社.

达非，阿特沃特，2006. 心理学改变生活[M]. 张莹，丁云峰，杨洋，译. 北京：世界图书出版公司.

道南，吉米，2004. 成功的策略[M]. 江雅苓，译. 成都：四川大学出版社.

格里格，津巴多，2005. 心理学与生活[M]. 王垒，王更生，译. 北京：人民邮电出版社.

莱瑟克曼，2008. 克服逆境的孩子[M]. 黄汉耀，译. 成都：四川大学出版社.

迈尔斯，2006. 心理学[M]. 7版. 黄希廷，等译. 北京：人民邮电出版社.

欧嘉瑞，2008. 人际沟通分析——TA治疗的理论与实务[M]. 黄佩英，译. 成都：四川大学出版社.

帕里，1997. 战胜危机[M]. 梁庆峰，孙红，译. 北京：生活·读书·新知三联书店.

派瑞，2007. 伴青少年渡过挣扎期[M]. 柳惠容，译. 成都：四川大学出版社.

赛韦特，2007. 压力管理[M]. 张宇霆，译. 北京：中信出版社.

西华德，2008. 压力管理策略[M]. 许燕，等译. 北京：中国轻工业出版社.

张春兴，1996. 现代心理学——现代人研究自身问题的科学[M]. 上海：上海人民出版社.

张笑恒，2009. 如何处理你的坏心情[M]. 北京：北京工业大学出版社.